DU BUTYLHYPNAL

OU

BUTYLCHLORAL - DIMÉTHYLPHÉNYLPYRAZOLONE

NOTES CHIMIQUES & PHARMACOLOGIQUES

PAR

A. BERNIN

Pharmacien à Monte-Carlo (Territoire français),
Ex-Pharmacien adjoint de l'Hôtel-Dieu de Lyon,
Lauréat de l'Université de Lyon, etc.

DOLE

TYPOGRAPHIE L. BERNIN

—

1897

DU BUTYLHYPNAL

OU

BUTYLCHLORAL-DIMÉTHYLPHÉNYLPYRAZOLONE

NOTES CHIMIQUES & PHARMACOLOGIQUES

PAR

A. BERNIN

Pharmacien à Monte-Carlo (Territoire français),
Ex-Pharmacien adjoint de l'Hôtel-Dieu de Lyon,
Lauréat de l'Université de Lyon, etc.

DOLE

TYPOGRAPHIE L. BERNIN

—

1897

DU BUTYLHYPNAL

E N nous basant sur l'analogie de constitution du chloral ordinaire et du butylchloral, nous nous sommes demandé si l'on ne pouvait pas obtenir avec lui et l'antipyrine un composé analogue à celui que l'on obtient avec ce dernier corps et le chloral ordinaire.

Après quelques recherches en ce sens, nous sommes arrivé à obtenir un corps chimiquement défini, que nous avons nommé *butylhypnal*, nom qui rappelle à la fois son origine et sa propriété principale et qui remplace avantageusement le nom scientifique trop compliqué de butylchloral-diméthylphénylpyrazolone.

Comme il fallait s'y attendre, ses propriétés physiques et chimiques, ainsi que les modifications que ce corps éprouve sous l'influence des divers agents, ont de grandes analogies avec celles de l'hypnal découvert par Bonnet.

La marche à suivre pour arriver à sa préparation est assez semblable à celle que l'on suit pour obtenir le chloral-antipyrine ; mais, en raison de la solubilité beaucoup moins grande du butylchloral, on est obligé d'opérer à chaud.

Pour préparer ce corps dans de bonnes conditions, on doit suivre la marche que nous allons décrire brièvement.

Nous faisons, séparément, deux solutions. L'une

d'antipyrine A, l'autre d'hydrate de buthylchlor~' B, dans les proportions suivantes :

A $\begin{cases} \text{Antipyrine} & \text{. . . . .} & \text{188 gram.} \\ \text{Eau distillée chaude} & \text{. .} & \text{188 —} \end{cases}$

B $\begin{cases} \text{Hydrate de butylchloral.} & \text{.} & \text{194 gram. 5} \\ \text{Eau distillée à 70°, q. s. pour dissoudre.} \end{cases}$

Les nombres 188 et 194.5 représentent respectivement les poids moléculaires de l'antipyrine et de l'hydrate de butylchloral.

Il est très important de ne pas opérer à une température supérieure à 70° : le butylchloral pouvant éprouver, au delà de cette température, un commencement de décomposition.

La formation du butylhypnal s'effectue, il est vrai, à des températures plus basses ; mais l'expérience nous a montré que cette température de 70° était celle qui convenait le mieux et qui permettait d'obtenir le meilleur produit.

Donc, après avoir fait séparément les deux solutions, on les mélange dans une capsule de porcelaine au B. M.

On voit aussitôt le mélange se troubler avec formation d'une couche huileuse, dense, de couleur jaune et qui gagne la partie inférieure de la capsule où l'on opère.

Si, dans ces conditions, on laisse refroidir, on observe, dans la couche qui surnage, la formation de cristaux légers, tandis que la couche huileuse se concrète en une masse cristalline compacte, formée de très petits cristaux.

Aussi, pour avoir un produit cristallisé uniformément,

nous ajoutons, aussitôt que la séparation des deux couches est obtenue, une quantité d'eau suffisante pour dissoudre à chaud la portion huileuse, puis nous filtrons dans un entonnoir également chauffé et nous abandonnons le filtrat au repos à la température ambiante.

La cristallisation se fait lentement.

Au bout de deux ou trois jours elle est complète et l'on peut alors recueillir de beaux cristaux blancs de butylhypnal.

La liqueur qui reste, après séparation des cristaux, réduite par évaporation au B. M. à une très douce chaleur, laisse encore déposer une nouvelle couche cristalline qui, cette fois, est légèrement colorée en jaune. Aussi, il est bien préférable de ne pas faire cette seconde opération, qui donne un produit un peu différent ; il vaut mieux réserver les eaux mères pour une seconde préparation.

Obtenu comme il vient d'être dit, le butylhypnal se présente sous la forme d'un corps bien cristallisé, incolore.

Les cristaux sont des parallélipipèdes très surbaissés ayant l'aspect de lames minces et blanchâtres.

Bien que différent un peu de celle du butylchloral, son odeur se rapproche assez de celle de ce corps, qui, comme l'on sait, est bien spéciale.

La saveur de ce nouveau corps est amère et fade.

Le butylchloral est onctueux au toucher et, quand il est formé de très petits cristaux, ce toucher est assez comparable à celui du salicylate de soude ; le butylhypnal, au contraire, a un toucher dur et sec.

La solubilité dans l'eau est d'environ 1 gramme pour 32 grammes d'eau à 15°.

Cette solubilité se trouve considérablement augmentée par l'action de la chaleur.

En supposant que ce corps constitue un jour un médicament, sa solubilité serait suffisante pour permettre de l'administrer en solution renfermant 0 gr. 50 par cuillerée à bouche.

L'addition d'un peu d'alcool augmente beaucoup cette solubilité ; aussi, la forme d'élixir permettrait son usage à doses plus élevées.

Le butylhypnal a un point de fusion très voisin de 70°.

Sous l'influence des alcalis, comme le chloral, il se décompose en formiate alcalin et propylchloroforme.

L'existence de ce dernier corps, liée à sa décomposition, dans les conditions citées ci-dessus, est prouvée par le dégagement de phényl-carbylamine, obtenue lorsque l'on chauffe la solution avec un peu d'aniline.

En versant une solution alcaline dans une solution aqueuse de butylhypnal, on aperçoit aussitôt un louche dû à la séparation de l'antipyrine.

Le butylhypnal contient environ la moitié de son poids d'antipyrine (exactement 49 %).

Vis-à-vis des réactifs minéraux le butylhypnal se comporte de diverses façons :

Le perchlorure de fer colore la solution aqueuse en rouge. L'addition d'acide sulfurique fait disparaître la coloration, et la quantité d'acide nécessaire pour opérer ce changement est proportionnelle à la quantité de butylhypnal mis en œuvre.

Nous avons cherché, en prenant comme base cette expérience, à établir un moyen de dosage de ce produit ; mais nous avons reconnu, qu'en raison de la grande quantité d'acide sulfurique nécessaire pour arriver à complète décoloration, ce procédé n'est pas pratique.

Le bichlorure de mercure, en solution aqueuse, ne précipite pas le butylhypnal.

Traité par un peu d'acide sulfurique et d'acide azotique purs, ce corps prend une coloration rouge ; l'acide nitrique seul le dissout et ne produit cette belle coloration rouge que si l'opération est faite à l'ébullition.

L'acide picrique donne avec lui un abondant précipité jaune cristallin qui, examiné au microscope, se montre formé de belles lamelles rectangulaires plates, plus ou moins grandes et plus ou moins entières.

Ces cristaux varient de grosseur suivant la concentration des liqueurs employées. Avec des solutions très étendues, le précipité, formé de très petits cristaux, est assez long à se produire. Ils sont colorés en rouge par le perchlorure de fer et sont solubles dans l'ammoniaque.

Ce précipité picrique est floconneux, léger, surnageant. Bien que très peu soluble dans l'eau, il n'est pas complètement insoluble ; aussi avons-nous dû renoncer à l'employer comme moyen de dosage.

Le butylhypnal exerce une action réductrice sur la solution de permanganate de potassium ; cette action, lente à froid, est assez rapide à chaud.

Jeté à la surface de l'eau, ses cristaux s'animent de mouvements giratoires rapides, assez semblables à ceux qui se produisent dans les mêmes conditions avec le camphre. Ils semblent cependant être un peu plus rapides.

L'addition d'alcool paralyse ces mouvements et, à la surface de l'alcool pur, ils ne se produisent plus. Avec les liquides mauvais dissolvants du butylhypnal, ces mouvements sont encore plus rapides qu'à la surface de l'eau.

On ne doit pas chercher à expliquer l'existence de ces mouvements en invoquant la volatilité du produit, puisque, à la température ordinaire, ce corps est fixe ; il y a plutôt une corrélation entre la solubilité du corps et le liquide à la surface duquel ces mouvements giratoires se manifestent.

Si l'on maintient, pendant quelques minutes, le butyl-hypnal à une température voisine de son point de fusion, il se décompose en répandant d'abondantes vapeurs irritantes à l'instant de la fusion ; si l'on cesse de chauffer, il se prend en une masse jaunâtre mamel-lonnée, insoluble dans l'eau, soluble dans l'alcool chaud, mais beaucoup moins que le butylhypnal lui-même.

Ce nouveau corps, traité par le perchlorure de fer, donne une coloration rouge, beaucoup moins intense que celle qui se manifeste avec le produit non fondu.

Cette faible coloration disparaît rapidement par l'addition d'acides forts tels que l'acide chlorhydrique, l'acide sulfurique.

Il est évident que cette coloration est due à de petites

quantités de produits incomplètement transformés par la chaleur, car en poussant le plus loin possible cette action, sans toutefois arriver à la carbonisation, on voit que l'influence du perchlorure de fer est de moins en moins sensible.

L'acide nitreux ou un nitrite alcalin en solution aqueuse, additionnée d'acide sulfurique, donne, avec le butylhypnal, la réaction de l'iso-nitroso-antipyrine.

On peut, pour essayer cette réaction, se procurer extemporanément une solution nitreuse en versant quelques gouttes d'acide azotique sur un peu d'anhydride arsénieux. On chauffe et au liquide clair on ajoute quelques gouttes d'eau, puis on laisse refroidir.

Le précipité vert d'iso-nitroso-antipyrine, insoluble dans l'eau, est soluble dans les alcalis et l'alcool, mais presque insoluble dans l'éther et le chloroforme.

Dans les solutions faibles de butylhypnal, la coloration verte avec les nitrites alcalins n'arrive que très lentement à son maximum d'intensité, de plus cette coloration est peu stable, aussi ne peut-elle être utilisée pour un dosage colorimétrique, ainsi que nous le pensions tout d'abord.

L'eau bromée, même ajoutée en excès à une solution de butylhypnal se décolore promptement.

L'eau iodée forme un précipité rouge brique, soluble dans l'alcool.

Dans l'eau, ce précipité disparaît lentement et la liqueur devient opalescente.

Le tanin et les produits qui en renferment sont incompatibles avec les solutions de butylhypnal.

Le précipité qui prend naissance est poisseux, jaunâtre, presque insoluble dans l'eau froide ou chaude.

Les divers phénols forment, avec le corps qui nous occupe, des précipités tous un peu solubles dans l'eau. Ainsi se comportent les naphtols, le thymol, la résorcine, l'hydroquinone... etc.

Les meilleurs dissolvants sont l'alcool, la glycérine, l'éther, la benzine, le chloroforme.

Les solutions aqueuses de butylhypnal, concentrées ou faibles, se conservent longtemps sans altération aucune. Même dans des verres blancs, exposés à la lumière, leur limpidité ne varie pas au bout d'une année.

L'action de l'antipyrine sur les ferments est relativement faible, celle du chloral butylique ne lui est guère supérieure ; mais le composé des deux substances jouit, au contraire, à ce point de vue, d'une supériorité notable.

Cette observation n'est pas nouvelle, il est vrai, mais il est bon de le constater encore. Elle nous prouve une fois de plus ce fait observé depuis quelques années, à savoir : que le pouvoir antiputride d'un corps composé est bien supérieur à la somme des pouvoirs antiputrides de ses composants.

Les nombreux essais que nous avons entrepris en ce sens nous ont démontré que le pouvoir antiputride de ce nouveau composé, vis-à-vis de la gélatine, des peptones, des bouillons de culture, etc... était supérieur à celui du butylchloral.

Au bout de 3 jours, une solution de peptone à $\frac{1}{15}$ faite à l'eau distillée commence à se putréfier ; la même solution faite en employant une solution de butylhypnal à 4 % se conserve des mois sans présenter la moindre altération.

La constitution du butylhypnal peut être représentée par le shéma suivant :

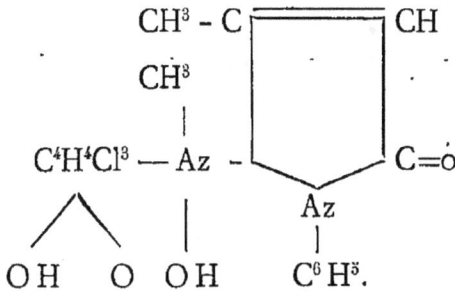

$$
\begin{array}{l}
CH^3 - C \overline{} CH \\
CH^3 \\
\quad | \\
C^4H^4Cl^3 - Az - C=\dot{o} \\
\quad \diagup \diagdown \quad | \quad\quad Az \\
\quad OH \quad O \quad OH \quad | \\
\quad\quad\quad\quad\quad\quad\quad C^6H^5.
\end{array}
$$

L'antipyrine étant :

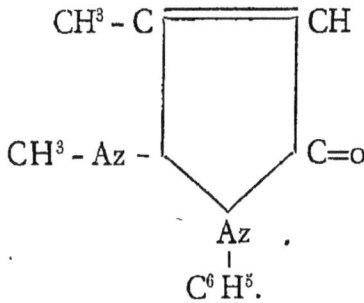

$$
\begin{array}{l}
CH^3 - C \overline{} CH \\
\\
CH^3 - Az - C=o \\
\\
\quad\quad\quad Az \\
\quad\quad\quad | \\
\quad\quad\quad C^6H^5.
\end{array}
$$

Et l'hydrate de butylchloral :

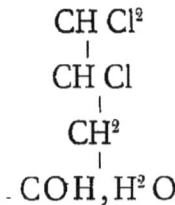

$$
\begin{array}{l}
CH\,Cl^2 \\
\quad | \\
CH\,Cl \\
\quad | \\
CH^2 \\
\quad | \\
COH, H^2O
\end{array}
$$

Les quelques expériences que nous avons faites en vue d'étudier les propriétés physiologiques du composé qui nous occupe, nous ont prouvé qu'il était à la fois hypnotique et analgésique ; mais, comme elles ne sont pas de notre domaine, nous souhaitons qu'elles soient reprises par des personnes compétentes, de façon à ce que l'on puisse donner au butyl'hypnal la place qui lui convient dans la longue série des hypnotiques nouveaux.

Dole-du-Jura. — Typographie L. Bernin.